全国高等学校建筑美术教程　基础教学系列

摹写大师
——从解读到构筑创作

童祗伟　王燕珍　编著

陕西出版传媒集团　陕西人民美术出版社

目 录

■　临摹是绘画学习的重要手段之一，它正广泛应用于各高等院校美术教学的基础课程中。传统临摹侧重于尊重原作，而本人在美术教学中发现学生对于"依葫芦画瓢"的传统临摹体现一定的造型能力，但一到创作阶段就缺乏对绘画自身的思辨和创意。所以，本书侧重提倡"新临摹"概念的学习方式，即以传统临摹作为基石的前提下，扩充临摹的方式、途径和技法，从而达到提高学生分析能力、提炼能力和重组能力的教学目的。这里的新临摹方式主要包括"概括与提炼""摹写与演绎""演变与再创作"这三个阶段，运用整体性的观察方法，并以点、线、面三种基本造型元素对大师的图式进行立体式演变、几何式简化、破碎重组以及局部元素应用的变体训练层层递进。

■　新临摹在教学中取得了一定的成果，特别能激发学生学习上的主动性，将传统的被动式学习转化为主动的思考，对于建筑和其他设计专业教学有一定的借鉴意义。当然在实践过程中也遇到了很多难题，例如很多美术基础不扎实的学生对美术史知之甚少，更形成不了自己对不同图式形式美感的相关概念，对"新临摹"的训练方式不知如何下手，因此教师需要在教学过程中讲解相关的美术知识，帮助学生掌握基本的美学常识，同时鼓励大胆落笔，培养学习兴趣。

■　书中附上了作者及学生对大师作品摹写的图例，从而能够图文并茂地进行清晰的解说。读者可以不只局限于书中介绍的范例，可以自行选择、扩充大师的图式进行新临摹尝试，这正是笔者想要传达的"授之以渔"的教学理念。

传统临摹的重要性

图1

[1] 潇湘奇观图（局部） 南宋
　　米友仁

[2] 仿米氏云山图 明 董其昌

[3] 仿古山水图册（局部） 清
　　王原祁

[4] 仿古山水图册（局部） 清
　　王鉴

"按照原作仿制书法和绘画作品的过程叫做临摹。临，是照着原作写或画；摹，是用薄纸（绢）蒙在原作上面写或画。"这是百度百科里对临摹做出的解释。可见临和摹是可以作为不同的两个概念分开理解的，但两者皆是以形似和神似为目的，这是传统临摹的特点。传统临摹是古今中外一种非常普遍的绘画学习技法。

已有数千年历史的中国画是中华民族灿烂文化的重要组成部分，不同时期涌现出众多的大师，他们师徒之间的传承关系非常明显。南朝齐画家、绘画理论家谢赫提出的六法论中的第六法就是"传移模写"，其意为：临摹古人的优秀作品，向优秀绘画作品学习。所以想学好中国画，十分重

图1[1]

要的阶段就是临摹古代大师的经典作品，即"师古人之迹"。例如，北宋中后期米芾、米友仁父子就非常注重继承前人的优秀笔法，在此基础上结合对大自然的观察、感受，创造出了"米家山水"，以展现江南润泽气象、烟云岚色的奇幻诱人景象（见图1[1]）。到了明代，著名文人画家董其昌不仅再次肯定了米氏父子创造的"米点皴"，更是不止一次对其作品进行摹写（见图1[2]）。清代"四王"中的王原祁和王鉴，同样表现出对"米家山水"的喜爱，并摹写了他们的小幅山水图册（见图1[3]、图1[4]）。

图1[3]

图1[2]

图1[4]

图2[1]

图2[2]

图2

[1] 丑角帕布洛·德·瓦拉多利多
   1634年　西班牙　委拉斯开兹

[2] 扮腓力四世的小丑　1866年　法国
   马奈

在西方绘画史中，同样不乏临摹前人作品的例子。处于印象派早期的法国画家马奈钟情于17世纪西班牙画家委拉斯开兹的画作，马奈以相同的构图、相似的色调和笔触对委拉斯开兹的《丑角帕布洛·德·瓦拉多利多》图2[1]进行了临摹（见图2[2]）。后印象派三杰之一的凡·高对法国现实主义画家米勒的作品进行多次摹写，和马奈不同的是，凡·高采用了米勒的图式，却运用了自己特有的绘画语言：跳跃的笔触和强烈的色彩。相比米勒作品的宁静，凡·高的作品呈现出某种跃动的力量（见图3、图4）。又如，20世纪西班牙超现实主义画家达利用相同的主题，对文艺复兴时期

图3[1]

图3[2]

图3

[1] 播种者（局部） 1850年 法国
让·米勒

[2] 仿米勒《播种者》（局部） 1888年
荷兰 凡·高

图4

[1] 劳作午睡 1857年 法国 让·米勒

[2] 仿米勒《劳作午睡》 1890年 荷兰
凡·高

图4[1]

图4[2]

图5[1]

图5

[1] 最后的晚餐　约1499年　意大利　达·芬奇

[2] 最后的晚餐　1955年　西班牙　达利

意大利画家达·芬奇的作品《最后的晚餐》（见图5[1]）进行了再次创作。与之前的例子所不同的是，达利对《最后的晚餐》的呈现，打破了原图式的框架，更多地融入了自己的想法。相比达·芬奇以写实的手法将这一典故用舞台式的方式呈现，达利则用超现实主义的风格以梦境般的方式呈现，虽然两者掌控画面的风格不同，但对画面"永恒性"的传达是一致的。这同样是临摹的一种表现方式（见图5[2]）。再例如，法国画家德加18岁时，在罗浮宫办了临摹证，刻苦临摹大师的作

图5[2]

品，他相信只有不断模拟大师作品才是学习艺术的不二法门。与此同时，德加结合自己对自然光线和非自然光线（如舞台灯光）的独特感受，精准捕捉人物动作的瞬间印象，营造瞬间的动感，使画面显现出鲜活的魅力，最终成为享誉国际的印象派画家。由此可见，临摹大师的图式是古今中外人们学习绘画的一种常见方式。

变体画的呈现

变体画同样是通过学习前人的优秀作品以提高绘画技能的一种方式，与临摹尊重和再现原作不同的是，它更注重对前人作品的演变。所谓的变体画就是对已有的一张画，用不同的构图、不同的表达方式加以处理，呈现新的绘画语言以体现新的主题思想。

笔者认为绘画的风格总体可以分为"再现性"与"表现性"两大类。再现与表现是艺术的两种呈现方式，再现具有客观还原物象的特性，表现则带有主观创作的动机。两种呈现方式各自具备独立的审美特征。图6是现代艺术流派中作为立体主义创始人之一的毕加索对公牛这一题材的探索。图6[1]着重对公牛体量及质感的再现；图6[2]着重分析其内在的组织结构，质感的呈现已退居其次；图6[3]抓住整体的结构关系，以尽可能简练的形式来表现结构特点；图6[4]继续在可以识别的限度里，精简其内部结构，提炼并夸张可表现整体的外形主线条，将细节减至最少。这一系列公牛造型的变化，体现出作者从具象再现到抽象表现的创作全过程和创作意图。

罗伊·利希滕斯坦是20世纪60年代的波普艺术大师。图7中他同样以牛为题材进行渐变尝试。图7[1]主要从色块分布上呈现出奶牛与环境的整体关系；图7[2]保留了奶牛的主要特征，对整个图式进行几何化，并加以分割重构，表现画面中趣味性的色块分布；图7[3]在此基础上，为了更加简化，进一步去除所有的曲线，抽象为纯色块的分布，但线条的分割仍体现了对奶牛整体结构特征的把握。通过上面两位画家对同一主题从具象再现到抽象表现演变过程的例子让学生认识、理解绘画

图6 公牛系列　20世纪30年代
　　西班牙　毕加索
图7 牛的几何分解　20世纪60年代
　　美国　罗伊·利希滕斯坦

图6[1]

图6[2]

图6[3]

图6[4]

图7[1]

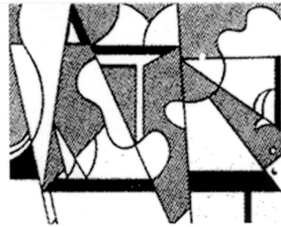

图7[2]

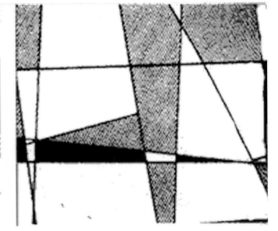

图7[3]

图8[1]

图8[2]

图8[3]

图8[4]

中"再现性"与"表现性"各自的呈现方式和特点，这对于以素描和色彩为主要造型的训练十分重要。

图8[2]、图8[3]与图8[4]是毕加索对印象派早期画家马奈的作品《草地上的午餐》(见图8[1])进行的三幅变体研究。这三幅变体画从以线条为主要呈现方式到以块面为主的表现，对原图式进行了很大程度的重组与破坏，最终毕加索用自己独特的立体式语言进行整合，呈现出全新的画面。图9[1]是17世纪巴洛克时代西班牙宫廷画家委拉斯开兹的巨幅油画《宫娥》，画中真实地再现了委拉斯开

图8

[1] 草地上的午餐　1863年　法国　马奈

[2] 仿马奈《草地上的午餐》1
20世纪60年代　西班牙　毕加索

[3] 仿马奈《草地上的午餐》2
20世纪60年代　西班牙　毕加索

[4] 仿马奈《草地上的午餐》3
20世纪60年代　西班牙　毕加索

图9

[1] 宫娥 1657年
　　西班牙 委拉斯开兹

[2] 仿委拉斯开兹《宫娥》
　　1957年 西班牙 毕加索

[3] 公主头像 约1957年
　　西班牙 毕加索

兹为国王和王后画像的场景。画者用巧妙的构思使国王和王后并未占据主体画面，而是通过墙上的镜中出现，并且出现了正在作画的画家本人和正在观看这一场景的小公主及其随从、侍卫和爱犬。画家用高超的写实技法把这奇妙的构思呈现在观者面前。毕加索一直倾心于对此图式的研究，并进行重新演绎，前后共有三十多幅变体画的尝试，如图9[2]就是其中的一幅。毕加索采用立体主义的语言，以一种新方法来解释图式所呈现的现实。作者的着眼点已经不是再现原作，而是把具象的形

图9[1]

图9[2]

图9[3]

体拆开、分解。在此幅作品中，毕加索以多种不同的几何图形和层次分明的色块来解构人物、背景与空间，就像建筑师在构筑平面那样重新对委拉斯开兹的《宫娥》进行极具主观色彩的表现。图9[3]是毕加索单独对小公主肖像所做的变体，从这九幅肖像习作可以看出毕加索以其丰富的立体主义式绘画语言从黑白到色彩的不同应用，从而体现出他对《宫娥》这幅作品进行变体创作时的那份严谨和创意。

图10[1]是委拉斯开兹所作的《教皇英诺森十世肖像》，图10[2]—[4]三幅作品是英国20世纪伟大的画家弗兰西斯·培根对其进行的变体画创作。培根借用了前辈的图式，并融入了自己的绘画语言，他放弃了原图中所有表象的物质描述，如人物所属品的描绘，还包括人物肌理（皮肤、毛发），他以反传统写实的手法，用粗略、充满情绪的笔触，表现人物的衣着和神情，使画面变得动荡，人物显得惊恐不安，犹如幽灵般的魅影。有人评论培根从20世纪50年代开始借用委拉斯开兹的《教皇英诺森十世肖像》而进行再创作的这一系列作品，是为表达"世界大战后人们普遍的绝望情绪，以及无处落实的存在感"。

培根也对凡·高的《写生途中》（见图11[1]）进行了多张变体创作，图11[2]—[4]是其中的三张。他在作品中借助凡·高的主题与形象，运用自己的绘画语言，重新解释了他对这一主题的认识，以及对凡·高热衷于用色彩表现自然和其旺盛生命力的赞同。

图10

[1] 教皇英诺森十世肖像

　　　1650年　西班牙　委拉斯开兹

[2] 保罗二世　1951年　英国　培根

[3] 教皇习作　1951年　英国　培根

[4] 教皇画像一　1951年　英国　培根

图10[1]

图10[2]

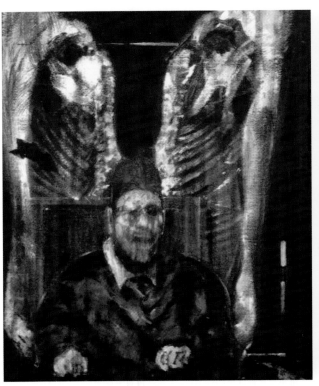

图10[3]

图10[4]

图11[1]

图11[2]

图11[3]

图11[4]

图11
[1] 写生途中　1889年　荷兰　凡·高
[2] 仿凡·高《在写生途中》1　1959年
　　英国　培根
[3] 仿凡·高《在写生途中》2　1959年
　　英国　培根
[4] 仿凡·高《在写生途中》3　1959年
　　英国　培根

新临摹理念的内涵及其价值

新临摹理念是建立在传统临摹"师法古人"的理念之上，并以此为基石进行变革和创新，从而区别于传统临摹"依葫芦画瓢"的特点。新临摹理念由传统的被动性学习转为主动性表现，与变体画的创作意图不谋而合。

相比大师们对前人作品带有极强个性语言的重新解读，学生则有另一套可以循序渐进的训练模式。在学习过程中新临摹理念的"新"主要体现在对原图式某种程度上的变革。首先是对原图式的"概括与提炼"，目的是训练学生整体的观察方法。其次是用点、线、面三种纯粹的元素对原图式进行"摹写与演绎"，训练学生造型语言的丰富性。最后是新临摹理念的提升阶段"演变与再创作"，通过立体主义式的演变、几何式的简化、破碎重组、局部元素的应用四种方式以原图式为基础进行一定的变革，培养学生对新图式的架构和组织能力，表达独特的审美意识，以此培养学生的创新能力。

图12

新临摹理念的重要价值是转变学生被动性的学习方式，让学生主动且有意识地去破坏原图式，尝试多样化的表现技法，从中探寻出属于自己的个性化绘画语言，激发学生学习的积极性。这种学习方式有助于培养学生敏锐的观察能力、扎实的造型能力、独具一格的创造能力，提升学生对景致的分析、归纳、提炼、判断和重组的思辨性思维，最终提高学生综合艺术修养，增强对未知世界不断探索和研究的创新精神。

例如，在新临摹理念的指导下，学生采用木炭条、水笔、马克笔等工具，以单纯的黑白形式对凡·高的作品《星空》（见图12）进行了临摹。在保留原图式整体布局的同时，作者加入了自己对绘画语言的探索。例如，用木炭条的软性质地来描绘天空的混沌，用水笔的硬性质感来表现松柏坚韧的生命力等，画面完整，造型语言丰富，是一幅优秀的课堂习作（见图13）。

图12　星空　1889年　荷兰　凡·高
图13　学生作品　仿凡·高《星空》
　　　　2014年　雷昇

图13

新临摹理念的实践

一、概括与提炼

　　对于建筑设计及其相关专业的低年级学生而言，如何把眼前的图像或景象进行一定程度的概括和提炼是一门重要的训练课程，它也是建筑美术造型基础教学的重点。"概括"的含义可以简化为归纳总括和简单扼要两层意思。"提炼"也有两点解释：一是"弃芜求精"的意思；二是从中提取所要的东西。对这两个词的四点解释，正是本节中所要强调的重点，也是学习绘画造型基础的学生所要具备的基本能力。然而在平时的教学中不难发现学生对于"景象"的观察并不整体，往往过度关注对细节的刻画，缺少对于画面的整体把握，最终的作品让人感觉是看到什么画什么，画面凌乱而花哨。因此学生对进一步的"景象"提炼更是难以把握，因为这需要去其"芜"求其"精"，如何区分两者是概括和提炼训练的关键所在。

　　本小节主要是通过对大师作品的分析，将其归纳并简化图式，达到概括与提炼的训练目的。当然，大师作品本身的图式已经有了很好的提炼，我们只需在其作品中提取自己所要的东西。

　　《春》（见图14）的作者波堤切利是意大利15世纪佛罗伦萨画派最后的一位大师。之所以选

图14

图15

图16

择这幅作品，是因为画面整体布局相对简单，背景和人物的明度相差大，图式并不复杂。波堤切利在这幅画里采用了平面的装饰手法将众多的人物安排在适当的位置上，画面内九个人物从左至右横列排开并没有重叠、穿插，并且根据他们在画中的不同作用安排了恰当的动作，作为主角的女神维纳斯所处位置比其他人物稍后一点，画面呈现稳定、均衡的舞台式效果。

对于这幅作品的概括与提炼，可以采用线条（见图15）和体块（见图16）两种方式呈现。线条是美术最基本的造型手段，平面、立体、具象、抽象均可用线条来表达。中国传统书画同样是用线条造型，对学生而言，线条并不陌生，把它作为简化图式的元素便于学生理解。用线条作为概括与提炼的主要手段简化图式有以下几个注意点：

　　1.线条肯定；

　　2.省略细节的刻画，表现大的形体及势态；

　　3.明确交代线条之间的前后空间秩序。

图14　春　1478年　意大利　波堤切利

图15　《春》线条概括　2013年　童祗伟

图16　《春》体块概括　2013年　童祗伟

图17 雅典学院 1509-1511年
意大利 拉斐尔

用体块去概括与提炼作品图式，主要是加入了体量的概念，从而增加对空间深度的理解。这种训练方式可以有效提高学生的空间理解能力，训练时需要注意以下几点：

1.用简单的几何体（如立方体、圆锥体、圆柱体等）去塑造对象；

2.省略细节刻画，注重主体动态分析；

3.交代体块之间的空间关系及大小体块之间的衔接方法。

学习概括与提炼所选取的大师作品以写实、具象为主，例如，达·芬奇的《最后的晚餐》（见图5[1]）、拉斐尔的《雅典学院》（见图17）、大卫的《荷拉斯兄弟之誓》（见图38[1]）等都是较好的临本。其目的是让学生把较为复杂的图式经过主观概括，提炼出相对简单的形式，培养整体感受，有利于日后在观察景象时更具整体理念。

达·芬奇《最后的晚餐》描述的是耶稣和他的门徒们共进的最后一次晚餐。他告知门徒："你们中的一个人出卖了我。"门徒们听闻后各自表现出了震惊、愤怒、激动、紧张、心虚等状态。画面黑、白、灰层次分明，画家运用平行透视，将人物一字排开，使画面的焦点集中于耶稣明亮的额头。笔者对此画的摹写主要在尊重原作构图的基础上，强调空间关系、人物的动态和组合关系（见图18[1]），忽略了人物面目的细节和表情。

《雅典学院》的作者拉斐尔崇尚希腊人文主义精神，以雅典学院为背景，描绘了古希腊哲学家柏拉图和亚里士多德及其他学者讨论的一个场景，柏拉图和亚里士多德作为主要人物位于画面的透视焦点，其他人物以对称的形式分布于学院大厅左右。笔者对其进行了块面式的黑白概括（见图18[2]），用深色提炼出人物的黑白体块，背景则运用了相对浅的色，其他细节大胆省略，从而强调了原作的视觉中心，人物和背景关系一目了然。

《最后的晚餐》和《雅典学院》都出自意大利文艺复兴鼎盛时期，体现了西方写实绘画的第一个高峰。它的实质是"希腊、罗马古典文化的再生"，核心是人文主义，以尊重人性和人权、反对神性和神权为主旨。两幅作品虽然画面场景宏大，人物众多，但是画家通过巧妙的构思，以左右均衡的对称图式使画面具有舞台式的效果，图式清晰，黑、白、灰层次明确，整体感强烈，是作为概括与提炼训练的好范本。

图18是笔者对达·芬奇的《最后的晚餐》和拉斐尔的《雅典学院》所进行提炼与概括的临摹范例。

图17

图18

[1] 仿达·芬奇《最后的晚餐》 2013年
     童祗伟

[2] 仿拉斐尔《雅典学院》 2013年
     童祗伟

图18[1]

图18[2]

图19

[1] 托莱多风景　1614年　西班牙　格列柯

[2] 仿格列柯《托莱多风景》　2013年
　　童祇伟

二、摹写与演绎

从上文"概括与提炼"的阐述中可以体会到学习用整体的理念和眼光去看待某个景致或图式的重要性。在新的临摹理念中，摹写与演绎和传统的临摹观念较为接近。摹写意为仿效且编写，而演绎的"绎"有抽出、理出头绪的意思。摹写和演绎在本文中可理解为：用自己特定的造型语言仿效并编写大师的图式，理出作品内在的构成形式。它的主旨是用绘画造型语言中最基本的点、线、面来摹写和演绎大师的作品，了解点、线、面在图式中独有的审美特征。在摹写与演绎这项训练过程中有以下几个注意点：

1.摹写重"写"，演绎重"绎"，摹写是为训练学生模拟能力，演绎侧重发挥学生的主动性；

2.主要取其势，未必写其实；

3.造型语言需简练、纯粹，从基本元素点、线、面入手。

在我们眼前呈现的自然景致或人为图式都是以点、线、面三元素，按照一定的美学原理相互组合而成，从而形成某种审美特征。新的临摹理念就是建立在对点、线、面的运用上。首先应从线条开始，对于没有太多接触绘画的人而言，线条相对于点和面更加直观。

对于刚刚接触绘画的学生而言，作画手法的拘谨性是最明显的一个问题，初学者由于害怕画错而没有自信落笔是根本原因。笔者认为，让学生"放肆地去画"是解决问题的有效途径。图19[1]是著名的西班牙矫饰主义后期最具独创性画家格列柯创作的《托莱多风景》，画家用妖娆的线条配以蓝绿色调把以教堂为中心的托莱多描绘得极富神秘感，画面做到了形式与内容的统一。图19[2]是以针管笔蘸墨水，用随意而流畅的线条对原图所作的摹写。作画状态轻松，用时不多，不求过多

图19[1]

图19[2]

图20

[1] 圣母的枝状大烛台　1513年　意大利
　　拉斐尔

[2] 《圣母的枝状大烛台》反相图
　　1513年　意大利　拉斐尔

[3] 仿拉斐尔《圣母的枝状大烛台》
　　2013年　童祗伟

[4] 仿拉斐尔《圣母的枝状大烛台》反相
　　图　2013年　童祗伟

细节，只描绘大体势态，这正是要传达给各位初学者的信息。此项训练过程的用意在于放松学生拘谨的手腕，大胆勾勒大师的各种图式。

经过一定数量的训练后学生可过渡到相对严谨的线条训练。图20是对意大利文艺复兴时期拉斐尔作品《圣母的枝状大烛台》的摹写，用线相对严谨，注重线条轻重变化及前后穿插关系的梳理。此项训练的目的是让学生从之前相对随意的线条逐步收紧，开始由理性的描绘替代感性的用笔。在图中加入了原图反相与临本反相的呈现，目的是在遵照原图的训练基础上，让学生认识到可以反其道而行之，从而在平时的观察和学习中可以进行非常规的逆向思维训练，培养创造力和想象力。

图20[1]　　　　　　　　　　　　　　　　　图20[2]

图20[3]　　　　　　　　　　　　　　　　　图20[4]

对点的认识，学生会习惯性地认为点是圆形的，其实点可以是任意几何形状或非几何形状的。点、线、面都是抽象的概念，并不是绝对的，而是相对的。在西方绘画史中，单纯用点造型的并不多见，具有代表性的应推新印象画派（点彩派）的创始人修拉和西涅克。他们不用轮廓线条划分形象，而使用点状的笔触，采用光学原理，让无数的色点在观者视觉中混合，从而构成形象。他们强调画面数理结构的分割，追求形式韵律的统一，从而在绘画史上独树一帜。而在中国传统山水画中，古人提炼的多种"皴法"其实也可以说是对点的各种应用。

图21[2]、图21[3]是用形态统一的点对西班牙画家戈雅的版画《无序的愚蠢》（见图21[1]）进

图21[1]

图21[2]

图21[3]

图22[1]

图22[2]

图22[3]

图22[4]

图22

[1] 翁弗勒尔的夜晚　1886年　法国
　　 修拉

[2] 《翁弗勒尔的夜晚》反相图
　　 1886年　法国　修拉

[3] 仿修拉《翁弗勒尔的夜晚》
　　 2013年　童祗伟

[4] 仿修拉《翁弗勒尔的夜晚》反相图
　　 2013年　童祗伟

行的演绎。练习过程中，首先要确定所要采用的点的形态和大小，然后根据原图式的内容和结构进行有序的排列组合，通过点的疏密来描绘结构。图22[3]则是用了不同形状的点（长短不一、大小不同），对新印象画派创始人修拉的《翁弗勒尔的夜晚》（见图22[1]）进行的摹写。图22[4]是图22[3]的反相图呈现，文中多次应用反相图，目的是通过与其互补色图式的比较，提升学生的视觉认知能力。

　　块面造型体现厚重、敦实的审美特征，是建筑学及相关专业的学生必须掌握的一门技法，因此块面训练也是本书的一个要点。西方传统绘画是以明暗块面造型的，注重写实，逼真、具象是西方传统绘画的优势，特别是文艺复兴时期的写实高度更是达到了极致，所以在块面训练时不妨采用那个时期的名作作为素材。

图23[1]

这一阶段通过块面来摹写和演绎大师的作品，和上一章节概括与提炼的体块训练相似之处在于两者都是用块面来造型。不同的是在摹写与演绎中，临本更尊重原作本身，而在概括与提炼中，临本的处理方式是以主观提炼及简化为主，所以在处理画面的要点上是有区分的。因此，这一阶段块面训练的要点为：造型时注重块面的明度变化和面积大小，从而体现原图式整体的明暗布局及空间的前后关系。图23[2]是对欧洲文艺复兴早期佛罗伦萨画派画家波堤切利作品《禁止接触》（见图23[1]）的摹写，作品以舞台式呈现，黑、白、灰块面布局清晰且整体，是作为块面训练的好图式。在临摹过程中，分清块面的明度层次是这一训练的要点。《在蓬图瓦兹的磨坊》（见图24[1]）是法国后印象派主将塞尚的作品。塞尚的作品特色鲜明，他强调绘画的纯粹性，重视绘画的形式构成，主张通过绘画发掘自然表象之下某种简单的形式，并将眼前散乱的视像构成秩序化的图像。塞尚主张用圆柱体、圆锥体和球体来表现自然，这对立体主义的影响非常大。将塞尚的作品及其绘画风格介绍给学生，让他们认识其绘画语言的基本特点，尤其强调其作品中追求体块的审美特征符合建筑系及相关专业的美学样式。在摹写塞尚作品时，尽可能有意识地强化它的体量感、明晰感、坚实感等审美特征。

图23

[1] 禁止接触　1491年　意大利　波堤切利

图23[2]

图23[3]

图23

[2] 仿波堤切利《禁止接触》　童祇伟　2013年

[3] 仿波堤切利《禁止接触》反相图　童祇伟　2013年

图24

[1] 在蓬图瓦兹的磨坊
　　　1881年　法国　塞尚

[2] 《在蓬图瓦兹的磨坊》反相图
　　　1881年　法国　塞尚

[3] 仿塞尚《在蓬图瓦兹的磨坊》
　　　2013年　童祗伟

[4] 仿塞尚《在蓬图瓦兹的磨坊》
　　　反相图　2013年　童祗伟

图24[1]

图24[2]

图24[3]

图24[4]

后印象派大师塞尚之所以被推崇为"现代艺术之父"，是因为他主张揭示事物内在的结构和美，要求画出对象的体积感、重量感和内在的生命力。他有句名言"自然中的一切都可以用球体、圆锥体、圆柱体来塑造，必须学会画这些简单的形体"，这点正好启迪了现代艺术流派中的立体主义画派对画面的追求。塞尚的作品尤其符合训练学生对体量感的把握和画面结构整体掌控的要求，以下（见图25—图29）是学生对其作品进行摹写与演绎的临摹示例。

学生作品图25，是摹写塞尚作品的尝试，通过对陶罐、水果、果盘、衬布及背景的边缘线肯定又细腻的描绘体现了致力于追求完整性和体块感的尝试。画面色彩饱和、沉稳。

学生作品图26相比作品图25，作品的焦点是在对整幅作品结构的掌控上。作者大胆地运用黑色线条强化结构，通过带有书写性的笔触进行描绘，使整个画面相当具有张力。

学生作品图27是一张颇具画面体量感的作品，虽然作者用水彩的明快替代了油画的厚重，但又不失画面色彩层次的丰富和细腻。画面中沉稳的暗部描绘和结实的边缘线刻画，使整幅画面具有厚重的体量感。

学生作品图28中，学生的兴趣点并不在原作严谨的结构上，而是利用水彩颜料流动和透明质感的特性，相对随意和主观地对原作进行临摹，不失为一种大胆的尝试。

学生作品图29中我们可以发现，作者的兴趣点落在构成的形式感上，他通过点、线、面三个基本元素来组织和安排画面，饶有趣味。

学生作品图30是对蒙克作品《忧郁》的摹写，显然他被蒙克具有张力的曲线和情感强烈的画面所打动，所以有意识地夸张了原作中的曲线造型，使整个画面具有更加动荡不安的效果。

图25 学生作品 仿塞尚《静物》
2013年 赵永振
图26 学生作品 仿塞尚《静物》
2013年 王蕾
图27 学生作品 仿塞尚《桌子上的
壶和水果》 2013年 杨丽
图28 学生作品 仿塞尚《一篮苹果》
2013年 段帆
图29 学生作品 仿塞尚《水浴图》
2013年 赵永振
图30 学生作品 仿蒙克《忧郁》
2013年 陶海

图25

图26

图27

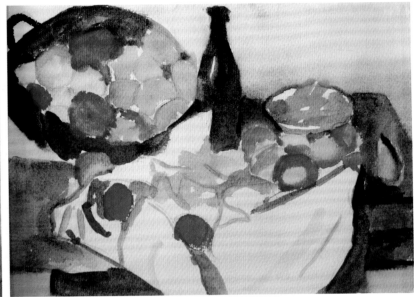

图28

图29

图30

　　从以上的学生作品中，我们不难发现在摹写大师作品时，每个学生都有他们对原作的理解，并从中选择各自的关注点和兴趣点加以表现，最后呈现出对美的不同体验。这也是在教学中教师需要鼓励和激发学生的重要内容，同时也为"演变和再创作"的训练打下基础。

三、演变与再创作

　　从标题中我们不难发现，这一阶段的训练重点在于对原图式的演变及再次创作。演变的"变"是对原图式的破坏，甚至摧毁；再创作的"再"是对原图式的重新构建。两者有先后关系，即"先破后立"。原图式与临本之间并非毫无联系，而是有着白石老人所谓的"似与不似之间"的妙趣。演变和再创作是创意临摹的核心内容，也是学生后期训练的重点所在。此阶段的训练，主要通过四种方式来呈现：

（一）立体式的演变

　　立体主义作为西方现代艺术史上重要的流派，它的艺术形态鲜明，在众多流派中独树一帜。立体主义艺术家所追求的碎裂、解析、重新组合、分离画面等艺术特色，正好符合学生从具象到抽象演变的处理法则。采用立体主义方式去演变大师的作品，首先应注意背景与画面的主题交互穿插，其次以多角度的透视法替代一点透视，最后是打破、重组空间秩序来展现最终目标。

　　17世纪荷兰黄金时期杰出的画家维米尔的作品《情书》（见图31[1]），画面温馨、舒适、宁静，给人以庄重的感受，充分表现出荷兰人对洁净环境和优雅舒适气氛的喜好。维米尔的室内作品构图特色鲜明，观者总是以偷窥式的角度发现着室内的场景。以这一幅《情书》为例，作为画面主体的弹琴少女和仆人安放于画面深处的空间，而近景则给了门边的生活杂物和门外的布帘。这样的构图为立体主义式的演变创造了条件，使我们可以将背景与画面的主题交互穿插、打破空间秩序、以组合的碎片形态呈现画面成为可能。经过图31[2]—[4]的三幅草图尝试，形成最终的临本图32。

图31[1]　情书　1670年　荷兰　维米尔

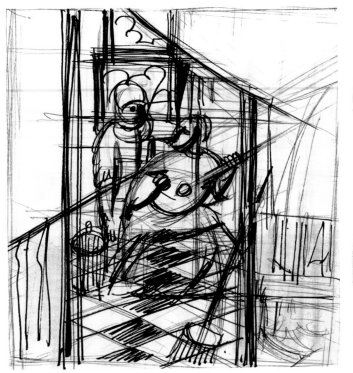

图31

[2] 仿《情书》草图一 童祇伟

[3] 仿《情书》草图二 童祇伟

[4] 仿《情书》草图三 童祇伟

图31[2]

图31[3]

图31[4]

图32 仿维米尔《情书》 2013年 童祗伟

　　图33[1]是19世纪法国浪漫主义画家德拉克洛瓦的作品《自由引导人民》，描绘的是硝烟弥漫的战争场面，画面中受伤的人、死去的人、勇于向前的革命者，构成稳定的三角形图式，众多的人物重叠交叉，被弥漫的硝烟分成远、中、近三个层次，为立体式的演变提供了可能。整幅画面色彩与明暗对比强烈，结构紧凑，用笔奔放，展现了浪漫派绘画的风格特点，具有强烈的感染力。图33[2]是笔者对其立体式的演变范例，在此过程中笔者有意连接众人物间同方向的线条，整合同层次的明暗块面，其用意是让学生主动分析、演变画面，体现自己的审美情趣。

图33[1]

图33[2]

图33

[1] 自由引导人民　1830年　法国
　　德拉克洛瓦

[2] 仿德拉克洛瓦《自由引导人民》
　　2014年　童祗伟

图34

[1]《母与子》 1810年 瑞士
约翰·亨利希·菲斯利

[2] 仿《母与子》第一步骤 2014年
童祇伟

[3] 仿《母与子》第二步骤 2014年
童祇伟

（二）几何式的简化

几何式的简化是一种纯净画面形式、平衡内在秩序的处理方式。此项训练的原图式宜选择画面相对具象、图式相对复杂者，如此方能达到简化的训练目的。

洛可可时期的瑞士画家约翰·亨利希·菲斯利的这幅《母与子》（见图34[1]），画面形式鲜明、主题内容突出、图式动态明确，是几何式简化训练的很好素材。第一步，保留原图式的基本特征，适当简化人物动态、明暗层次，强化人物的体块（见图34[2]）。第二步，进一步简化、加强

图34[1]

图34[2]

图34[3]

几何形式的力度，将图式中能体现画面特征的元素几何化，用基本的点、线、面形式组织、排列，从整体图式的分割上看，画面基本保留原图式的风貌（见图34[3]）。第三步，学生可以根据自己的审美特点，选择简化的层次（见图35）。从图35中可以发现，原图式的整体布局已被打破，相对次要的空间被省去，重点保留了在简化过程中能体现原图式整体走势的线和几何符号。几何式的演变其实就是由繁到简，从三维空间向二维平面简化的过程。

图35 仿《母与子》第三步骤
2014年　童祗伟

图35

　　法国印象派大师莫奈对于同一场景在一天中不同时间段光线变化而导致色调的冷暖差异，做过深入的研究。其中，《鲁昂大教堂》系列（见图36）是成功的范例，画家在不同的时间段和不同的天气状况下，从同一角度对鲁昂大教堂进行了一系列的描绘。图37是笔者对其中四幅的简化。原作明暗层次细腻、色彩变化丰富，笔者则用几何形式简化作品造型，用纯粹的色块展现光照下建筑的冷暖色彩分布，如此对形和色的简化有助于让学生意识到对相似图式演变的趣味性和变化性，从而培养他们的观察能力和分析能力。

图36 鲁昂大教堂 系列 1892年
　　　法国 莫奈
图37 仿莫奈《鲁昂大教堂》系列
　　　2014年 童祇伟

图36

图37

（三）破碎重组

"先破后立"的绘画理念同样可以应用于临摹中。"破"主要以打乱原图式内在规律为目的，"立"则是按照自己特有的审美方式，用破碎的元素进行重新组合，从而形成新图式的内在规律。在这种训练过程中，对原图式的破坏远远大于对它的依赖。学生要非常主动地进入破坏与组建的全过程，有效地发挥主观能动性。

法国新古典主义时期大卫的《荷拉斯兄弟之誓》（见图38[1]），是一幅适宜进行重组训练的作品。荷拉斯是古罗马时代的一个家族，罗马人与比邻的古利茨亚人发生了战争，但双方的人民却有着通婚关系。为避免一场大规模的流血厮杀，双方统领达成协议，各选三名勇士来进行格斗，以胜败来判定罗马城与阿尔贝城的最高统治权的归属。在这场战争中，荷拉斯兄弟被选出来与敌人进行格斗。画面中呈现的情景正是老荷拉斯将武器分发给三兄弟，三兄弟伸出右手向宝剑宣誓。画家

图38[1]

图38[5]

图38[2]

图38[3]

图38[4]

用庄重的古典建筑作为舞台式布局的背景，运用多侧面来揭示人物的心理状态（如妇女们的哭泣与三个勇士的激昂气概形成强烈的对比），使这幕悲壮的戏剧场面具有丰富的可读性，加强了主题的思想性。在构图方面，画家把三兄弟宣誓的场景放于画面主要位置，并用高明度着色与昏暗的背景形成鲜明对比，画面的视觉中心通过勇士们的右手和目光集中于剑柄上，成为画面的焦点。整幅作品人物与背景清晰分明，用色简洁明朗，构图庄严稳定，符合重组的要求。

原图到临本的演变是从具象再现到抽象表现的一个过程，图中三张小稿图38[2]—[4]是在"破碎"之前的一些演变过程，为最后的临本做准备。整个过程首先是对原图式进行平面性的概括和简化，然后对其破坏，用破碎的元素打乱原图式的明暗层次、空间秩序，进行重组，最终形成临本。这里若想保留原图式和临本之间的某种关联性的话，那么图式中能体现画面特征的元素尽可能不发生位移，例如，画面中人物的头部保留原位置（见图38[5]）。

图39

[1] 摔跤　1853年　法国　库尔贝

[2] 仿库尔贝《摔跤》　2014年　童祇伟

图39[1]是19世纪法国写实主义画派代表库尔贝的作品《摔跤》，画家描绘了在空旷的角斗场，人们正在观赏两位勇士的摔跤比赛。画面主要呈现两位勇士摔跤的场景，观众作为次要的背景被隐含在远处的树荫下，整个构图总共被分为三大块面，即钴蓝的天空、翠绿的场地、肉灰色的人体。作品形象明确、色块清晰，是进行破碎重组训练的好素材。图39[2]是笔者对原图进行再创作后的范例。在此过程中笔者从三方面对原作进行演变：其一，扩大主体人物在画面中的比重，以达到破碎后的扩散感；其二，提高颜色的纯度，主要以橙红、翠绿、钴蓝着色，从而达到色彩上的跃动感；其三，打乱原图中明确的人物形象和背景，使天空、场地、人物融于一体，最终实现破碎后的重组。

图39[1]

图39[2]

（四）局部元素的应用

　　局部元素的应用是指在原图式中选取某个或若干个局部，应用在作者自己的图式中，从而体现其全新的创作意图。这种再创作的方式与马塞尔·杜尚（纽约达达主义团体的核心人物）在1919年创作的《有髭须的蒙娜丽莎》（见图40[1]），以及沃霍尔（20世纪波普艺术的倡导者和领袖）在20世纪六七十年代创作的《玛丽莲·梦露》（见图40[2]）、《迈克·杰克逊肖像》（见图40[3]）等作品的创作手法有些许相似。不过，两位大师对原图式的重新演绎重在传达自己独特的艺术理念，如马塞尔·杜尚的《有髭须的蒙娜丽莎》用意是在否定传统对待艺术的态度，戏谑传统作品，颠覆其作品内容，甚至大胆地改变了艺术创作的手段和观念。而沃霍尔的《玛丽莲·梦露》《迈克·杰克逊肖像》等作品在原图式的基础上通过胶片制版和丝网印刷将其重新着色，并将此类艺术作品纳入"复制""量产"的工业程序，使之商业化，此举完全打破了高雅与通俗的界限，把艺术从高尚的地位拉近到日常生活。

图40[1]

图40[2]

图40[3]

图40
[1] 有髭须的蒙娜丽莎　1919年　法国
　　马塞尔·杜尚
[2] 玛丽莲·梦露　1962年　美国　沃霍尔
[3] 迈克·杰克逊肖像　1984年　美国
　　沃霍尔

　　笔者在本书中阐述的"局部元素的应用"主要侧重于画面形式构成的技法探究。《斯巴达的年轻人》（见图41[1]）是印象派画家德加的早期作品，画面描述了斯巴达女孩们向男孩们挑战的情形，作品主题简单，构图明确，绘画风格具有自然主义的特征。笔者从原图式中选取了四位女孩和两位男孩的局部，应用于新图式的创作（见图41[2]、图41[3]）。新图式里的场景、人物、事件没有像原图式画面中被明确描绘出来，而是用一条横线把整个画面分为上下两部分，人物安排于画面的下方，上部分描绘了一棵和人物动态相似的树。图41[2]画面中歇斯底里的人物像是在争辩，又像

图41

[1] 斯巴达的年轻人　1860—1862年　法国
　　德加

[2] 当《斯巴达的年轻人》被切割Ⅰ　2014年
　　童祇伟

[3] 当《斯巴达的年轻人》被切割Ⅱ　2014年
　　童祇伟

图41[1]

图41[2]

图41[3]

是在谈判，配以整体的蓝色调使画面犹如梦境一般，带有超现实主义的风格。图41[3]是在图41[2]新图式创作基础上进行的再次演变，画面中原先层次丰富的人物和树木被简化得更加纯粹，蓝天、绿地、黑色的树、朱红色的人都似剪影一般存在于画面中。第二次的再创作从构图形式到着色方式更加脱离了原图式的表达手法。又如《摔跤——蓝色大背景》同样是以此方法对法国现实主义画家库尔贝的作品《摔跤》（见图39[1]）进行的再创作。新图式选取了原画面里摔跤的两个人物，蓝天、建筑物、树木、场地及观众全部省略，取而代之的是几乎平涂的蓝色背景（见图42）。原图式现实主义风格特征明确，真实地再现了两位勇士在场地搏斗的场景，以及人物在激烈搏斗时肌肉的起伏状态。而笔者在新图式中把人物的面积相对缩小，配上大片留白式的蓝色背景，蓝色背景中的白色线形提示人物处于三维度虚幻的空间，赋予新图式更多的想象空间。

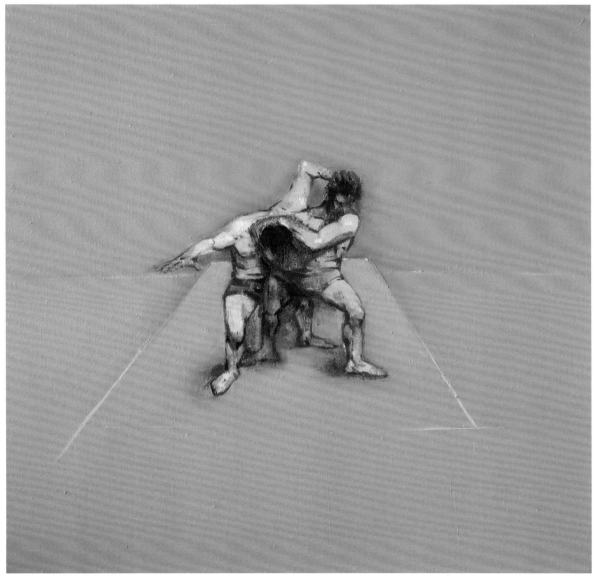

图42 《摔跤——蓝色的大背景》 2014年 童祇伟

图43

[1] 学生作品 仿委拉斯开兹《宫娥》
　　2014年 王蕾

[2] 学生作品 仿委拉斯开兹《宫娥》
　　2014年 杨丽

　　图43是两位学生分别对委拉斯开兹的作品《宫娥》（见图9[1]）进行的演变，从图43[1]可以看出这位学生的兴趣点在于用几何形的色块对原图进行重新构建，作者忽略原图中人物的具体形象，转而以破碎重组的方式对画面整体的构成关系通过冷暖色块来再次创作。图43[2]的这幅作品，作者用相对简洁的形对原图的主要人物进行了描绘，并把他们点缀于没有纵深感的粉色平面中，整体画面用色大胆，线、面结合得当，具有一定的装饰性。

　　图44中两位学生用几何式的简化对塞尚的作品《在蓬图瓦兹的磨坊》（见图24[1]）进行了演变，两幅作品均破坏了原图中厚重而稳定的立体效果，取而代之的是以装饰性的色块对原图中的景致进行再次创作。

　　图45与图46同样是两位学生对同一幅大师作品的临摹，把两幅作品并置在一起，目的是为了更好地了解学生对画面的关注点。例如图45[1]的作品，这位学生是用众多非几何形色块对格列柯的《托莱多风景》（见图19[1]）进行重组，而图45[2]的作品则是把天空和地面分别用不同的色彩肌理来塑造，从而增加画面的丰富性。又如，图46中两位学生对维米尔《情书》（见图31[1]）的临摹：图46[1]那张作品中的人物和场景，作者以剪纸式的简约造型，并配上明亮的色彩，随意地

图43[1]

图43[2]

图44[1]

图44[2]

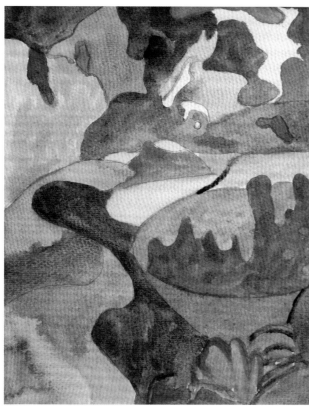

图45[1]

图45[2]

图44

[1] 学生作品　仿塞尚《在蓬图瓦兹的磨坊》
　　2014年　唐丽丽

[2] 学生作品　仿塞尚《在蓬图瓦兹的磨坊》
　　2014年　王蕾

图45

[1] 学生作品　仿格列柯《托莱多风景》
　　2014年　段帆

[2] 学生作品　仿格列柯《托莱多风景》
　　2014年　杨丽

排列于画面中，作品呈现轻松而愉悦的气氛；而图46[2]那幅作品则用色沉稳，点、线、面安排有序，整幅画面给人稳定而宁静的感觉。

通过对这四组学生作品的观察，我们可以发现即便几位学生是对同一幅画进行演变，但是由于

图46

[1] 学生作品 仿维米尔《情书》
2014年 杨丽

[2] 学生作品 仿维米尔《情书》
2014年 段帆

他们带着自己的审美特征再次创作，最终画面呈现出不同的视觉效果。因为不同的人对于同一图式的视觉体验是有差别的，每个人的视觉关注点不同，且审美倾向有差异。因此，不同的学生对同一图式的临摹会出现形态各异的新图式，从而培养学生审美自主性的生成。这正是本书要重点传达的一个临摹理念。

图46[1]   图46[2]

参考书目

[1] 何政广. 世界名画家全集——德加[M]. 石家庄：河北教育出版社，1998

[2] 何政广. 世界名画家全集——塞尚[M]. 石家庄：河北教育出版社，2003

[3] 何政广. 世界名画家全集——委拉斯开兹[M]. 石家庄：河北教育出版社，2001

[4] 黄舒屏. 世界名画家全集——培根[M]. 石家庄：河北教育出版社，2005

[5] 伊记. 绝对自由的创造——毕加索作品欣赏[M]. 北京：新世界出版社，2014

[6] 张奇开. 西方现代艺术视觉文本卡塞尔文献展1955-2007[M]. 重庆：重庆出版社，2008